PLUS DE MUSCARDINE

POUR QUI VEUT !...

CAUSES DE CETTE TERRIBLE MALADIE

ET

MOYENS DE LA PRÉVENIR.

> L'hygiène est le meilleur des remèdes ; conserver la santé vaut mieux que la rétablir.

PAR CHARLES FRAISSINET,

Auteur du Guide du Magnanier & du Cultivateur de Mûriers.

Prix : 2 fr. et 2 fr. 25 par la Poste.

NIMES.

TYPOGRAPHIE BALLIVET ET FABRE,

RUE DE L'HÔTEL-DE-VILLE, 11.

1847.

Nimes. — Typ. Ballivet et Fabre.

PLUS DE MUSCARDINE

POUR QUI VEUT !...

CAUSES DE CETTE TERRIBLE MALADIE

ET

MOYENS DE LA PRÉVENIR.

S'IL n'est pas facile de définir exactement cette cruelle maladie, parce qu'elle a été l'objet d'une foule d'opinions plus ou moins différentes, il ne l'est malheureusement que trop de reconnaître qu'elle est pour nos vers un désolant fléau. Elle les attaque à tout âge, souvent les décime, et quelquefois les fait périr entièrement ; mais c'est surtout dans le cinquième qu'elle exerce ses effrayans ravages : alors que la feuille est consommée, qu'il ne reste plus de dépenses à faire. D'après les calculs les plus exacts, les moins exagérés, c'est un sixième de sa récolte sérigène qu'emporte annuellement à la France cette cruelle maladie. Un sixième, plus de vingt millions! n'est-ce pas énorme?...

Depuis la découverte du docteur Bassi et les savantes expériences de l'illustre Audoin, il n'est plus permis de douter que la muscardine soit le résultat d'un crytogame qui se développe dans le corps du ver, vit de sa substance, le tue par l'entier envahissemeut de ses organes, et se montre, après la mort de sa victime, sur son cadavre desséché, sous la forme d'une moisissure blanche.

On a donné à ce funeste végétal le nom de *botrytis bassiana* en mémoire du célèbre expérimentateur qui, le premier, en a constaté l'existence. Jusqu'au moment où il va succomber sous l'action progressivement envahissante de son hôte cruellement importun, le ver conserve toutes les apparences de la bonne santé; seulement une ou deux heures avant sa mort on peut constater son dégoût, s'apercevoir d'une légère altération dans le blanc de sa peau, reconnaître un peu d'abaissement dans son activité, et remarquer que les battemens de son vaisseau dorsal se ralentissent par degrés jusqu'à ce qu'ils soient tout-à-fait insensibles. Privé de la vie, son corps prend une teinte rousse et quelquefois bleuâtre. A ces diverses colorations succède le duvet blanc qui, chez nous, lui a fait donner le nom de muscardin, à cause du rapport qu'il lui donne avec la pastille connue sous ce nom dans la Provence. Le corps solidifié présente quelque analogie avec les matières vitreuses. Voilà la muscardine et ses terribles conséquences. Hélas! pour trop de gens cette description est plus que superflue! Ce que je viens de dire n'est assurément pas ce qui peut intéresser les sériciculteurs; ce qu'ils désirent connaître, c'est le moyen de se soustraire à ses ravages. Nous allons les satisfaire, autant du moins que peut le permettre l'état actuel de la science sérigène; mais avant de traiter de cette maladie sous le rapport médical, disons-en un mot au point de vue physiologique.

CONTAGION DE LA MUSCARDINE.

La muscardine est-elle contagieuse? Ne l'est-elle pas? Peut-elle ou non se produire d'une manière spontanée, accidentelle? Chacune de ces opinions a pour elle d'illustres partisans. MM. Bassi, Bonafous, Berard, Audoin, Eugène Robert, etc., lui reconnaissent cette funeste propriété. MM. Boissier, de Sauvages, Pomier, Nysten, Dandolo, Duboin, etc., la lui contestent. Ici comme en bien d'autres choses, IN MEDIO VERITAS : au milieu la vérité. Oui, la muscardine est contagieuse, trop de faits l'établisent pour pouvoir en douter; mais elle ne l'est que dans certains cas, sous l'influence de causes dont le concours plus ou moins actif donne à sa contagion plus ou moins d'énergie. Telle est l'opinion d'un grand nombre d'éducateurs éminemment distingués, entre autres de l'illustre Robinet... De sa spontanéité, de son apparition accidentelle, nous pouvons dire la même chose. Les uns l'admettent comme incontestable, les autres la nient comme impossible ; bien des faits, et des faits positifs, en établissent la réalité. M. Robinet n'en doute pas le moins du monde, et moi, qui bien souvent suis parvenu à la produire, je ne saurais en douter. On ne manque pas de raisons pour nous combattre : une mouche, une seule mouche, la plus petite feuille, nous dit-on, a suffi pour empoisonner votre magnanerie ; le plus faible courant d'air a pu y introduire des myriades de sporules (*graines*) muscardiniques, et votre conclusion que vous croyez fort naturelle, n'est que la conséquence de ce faux raisonnement : POST HOC, ERGO PROPTER HOC, *après cela donc, par cela même;* vous prenez pour cause ce qui ne saurait l'être, parce que la cause réelle, efficiente échappe à vos regards. Que répondre à une argumentation si spécieuse ! Ce que répondit le célèbre GALILÉE à ceux qui venaient d'obtenir sa condamnation, parce qu'il soutenait une vérité (la rotation de la terre). E PUR SI MUOVE, *et pourtant elle se meut.* Oh ! convenons-en, la lumière que le docteur Bassi a répandue sur la cause de cette terrible maladie est on ne peut plus effrayante : si une mouche, une feuille, le trou d'une serrure peuvent déjouer toutes nos combinaisons, rendre tous nos soins inutiles, anéantir nos plus légitimes espérances en introduisant dans nos ateliers ce fléau naturellement dévastateur, que n'avons-nous pas à craindre!... Mais rassurons-nous ; s'il y a du vrai dans l'opinion des ULTRA CONTAGIONISTES, tout ne l'est pas, fort heureusement.

La muscardine est contagieuse, sans doute ; mais à certaines conditions; qu'elles ne soient point remplies et elle ne l'est pas. C'est ce qui résulte des expériences de l'abbé de Sauvages, de Dandolo, etc., et des miennes ; c'est ce que prouve l'impossibilité de la transmettre à toute sorte de vers soit par *saupoudrement* avec la poussière muscardinique, soit par inoculation. Nous reviendrons là dessus.

Par contagion, la muscardine se propage au moyen de cette poussière blanche qui recouvre le cadavre du ver muscardiné, et qui n'est autre chose que la graine du fatal champignon, le germe du *botrytis bassiana*. Le ver l'avale avec la feuille, l'aspire par ses stygmates (ses organes respiratoires dont l'orifice est marqué audessus de ses pattes et sur sa tête par de petits points noirs), ou l'absorbe par ses pores ; il peut aussi lui être communiqué par inoculation. Que les circonstances le favorisent, et un germe unique, un seul germe, aura bientôt produit de quoi détruire la plus vaste chambrée. Cette forêt crytogamique qui s'offre à vos regards sous l'aspect d'un duvet farineux, n'est autre chose qu'un ensemble de branches partant d'un même tronc (1), et portant à chacun de leurs innombrables rameaux des millions de

(1) Un ver peut avaler, aspirer, absorber plusieurs graines, toutes peuvent lever, se développer : alors il y a plusieurs troncs. C'est ce qui arrive dans les grandes épidémies muscardiniques. Le fléau sévit avec d'autant plus de force qu'il y a plus de germes absorbés, les organes du ver sont plus promptement envahis.

sporules. Etrange parasite ! singulier phénomène ! Un ver qui vous offre aujourd'hui toutes les apparences de la bonne santé sera transformé dans quelques jours en une immense *champignonière* , et ce fait , on ne peut plus effrayant , est malheureusement incontestable. Les savantes expériences de M. Victor Audoin ne permettent pas le moindre doute.

SPONTANÉITÉ DE LA MUSCARDINE.

Ce n'est pas seulement par contagion que peut nous envahir la muscardine ; elle peut apparaître spontanément. Telle est , je l'ai dit , l'opinion d'un grand nombre d'éducateurs. Toutefois, ne perdons pas courage ; nous avons à combattre un ennemi bien redoutable , à peu près invincible dès qu'il a pénétré dans nos camps. Mais nous pouvons lui en défendre l'entrée , et par là nous soustraire à ses coups.

Comme tous les parasites , le *botrytis bassiana* ne réussit que sur des sujets plus ou moins affaiblis ; il échoue dans le ver robuste comme le lichen sur l'écorce lisse et ferme de l'arbre vigoureux ; et voilà ce qui a fait dire à tant de bons observateurs que la muscardine n'était pas contagieuse. Elle l'est, mais pas toujours; or, si l'état du ver en arrête la contagion, à plus forte raison l'apparition spontanée.

Mais, dira-t-on, si la muscardine est le résultat d'une graine microscopique, comment peut-elle se produire spontanément? La question est embarrassante, et je suis d'autant moins capable d'y répondre, que, par nature, je repousse impitoyablement tout ce qui me paraît contraire à la saine raison : or, la raison enseigne qu'une plante quelconque ne peut provenir que d'une graine, et qu'une graine, quelque petite qu'elle soit, ne peut être produite que par une plante.

Les expériences de M. Turpin sur le lait et les moisissures qui s'y manifestent à la suite du déchirement de ses globules, ne m'ont pas persuadé qu'il en fût autrement. Je répugne à admettre que ces moisissures n'aient pas d'autre principe, et que le *botrytis bassiana* ne soit qu'un développement sous forme végétale d'un globule nageant dans les liqueurs du ver, déchiré par un effet quelconque; pour moi, si c'est possible, ce n'est guère probable.

Mais pourquoi n'admettrions-nous pas avec Bassi la préexistence des germes ? Avec elle la spontanéité s'explique tout rationnellement; sans elle on ne peut en donner que des explications plus ou moins irrationnelles; que, comme le dit le docteur de Lodi, le germe muscardinique existe dans la chenille comme dans l'être humain celui du ver ascaride, etc., et l'on concevra sans peine que, par suite de circonstances favorables, ce germe peut atteindre son fatal développement, tuer le ver qui, dans de meilleures conditions, n'en aurait reçu aucun dommage, et produire par myriades ses sporules meurtriers. S'il n'est certain, il est, du moins, on ne peut plus probable que ce n'est pas autrement qu'a été produit le premier cas de muscardine. Le premier ver muscardiné a-t-il pu l'être par contagion? Et ce qui s'est fait une fois ne peut-il pas se faire deux, cent, mille, toujours dans des conditions semblables? La muscardine nous attaque spontanément, parce que les vers en portent le germe.

CIRCONSTANCES FAVORABLES AU DÉVELOPPEMENT DE LA MUSCARDINE.

Les circonstances favorables au germe muscardinique sont :

1° Un affaiblissement dans l'organisme, par conséquent dans la vitalité, dans les forces de l'insecte qui le porte ou qui peut l'absorber; affaiblissement que produit l'altération de ses humeurs, occasionnée par la perturbation de ses fonctions naturelles. Vous n'avez donc rien à craindre ni du germe préexistant ni du germe communiqué, si vos vers sont maintenus dans l'état de santé normale; néanmoins, il est croyable que ce dernier se développe là où le premier ne saurait se développer; en d'autres termes, que son énergie est plus grande, par conséquent qu'il est plus redoutable; mais, pour celui-là même, il faut des conditions que n'offre pas l'insecte bien portant. Ainsi, le champignon muscardinique ne peut devenir cause de mort qu'après avoir été résultat de maladie. L'expérience a démontré que certains vers ne contractaient pas la muscardine, même dans les circonstances les plus favorables à sa contagion : le contact d'un ver muscardiné, le saupoudrement avec la poussière muscardinique, l'inoculation du germe. Pourquoi ? Ils n'offrent pas les conditions nécessaires à son développement ; leurs humeurs ne sont point altérées, il n'y a pas eu perturbation dans leurs fonctions naturelles, affaiblissement dans leur vitalité ; ils sont bien portans.

Il parait acquis à la science, grâces aux savantes recherches de M. Dutrochet, que les végétaux cryptogamiques ne peuvent germer et croître sans la présence d'un acide. Or, il est certain que la liqueur du ver en état de santé n'offre point ce principe, et qu'il s'y manifeste du moment qu'il est malade. (*Voir* Nysten). Le maintenir dans son état normal, tel est donc le remède contre la muscardine.

REMÈDES PROPHILACTIQUES CONTRE LA MUSCARDINE, OU MOYENS DE LA PRÉVENIR.

Il n'existe encore aucun spécifique contre la muscardine; de toutes parts on le cherche avec zèle. La science a répondu à l'appel des sériciculteurs; elle aspire à le découvrir, et, certes, il en vaut bien la peine ! L'arme qui donnerait la mort à ce terrible ennemi, serait une arme précieuse. Parviendra-t-on à la forger ? Je l'ignore; mais ce que je sais bien, c'est que si nous sommes encore incapables de le détruire, nous pouvons l'enchaîner, de manière à n'avoir point à craindre ses menaces, à souffrir de ses coups.

Les remèdes prophilactiques sont des liens qu'il ne saurait briser. Je l'ai dit : tout ce qui nuit au ver, tout ce qui tend à l'affaiblir, tout ce qui s'oppose au développement de ses forces vitales, à sa plus grande prospérité, favorise la muscardine. Évitons avec soin tout ce qui peut produire de tels effets, nous l'éviterons elle-même. Or, voici ce qui les produit :

1° Une éclosion vicieuse ;

2° Une alimentation insuffisante ;

3° Une température trop élevée jointe à un air trop sec ;

4° Une atmosphère impure ;

5° Un local trop peu spacieux.

Reprenons; expliquons le pourquoi ; voyons comment il faut agir.

(A). Éclosion vicieuse. Tous les bons éducateurs considèrent l'éclosion de nos précieuses chenilles comme l'un des points capitaux de leur éducation. En effet, c'est là qu'elles peuvent contracter bien des maladies; une prédisposition à toutes, conséquemment à la muscardine.

Evitez le nouet, la *fatte*, le lit, la chaleur humaine, toute espèce de couveuse, y compris le *castellet*. Faites éclore à l'étuve. (*Voyez*, pour la manière et les raisons, cet important article dans mon *Guide*.)

(B). Alimentation insuffisante. En sériciculture comme en toute autre industrie, le problème à résoudre est d'obtenir *le plus avec le moins*, mais par l'usage des meilleurs procédés, et non assurément par l'emploi de moyens incapables de produire autre chose qu'un résultat contraire; et néanmoins c'est à ces derniers que la routine, guidée par l'avarice, en demande la solution. Le désir d'avoir, avec peu de feuille, une grande quantité de cocons, fait souvent qu'on en a peu, quelquefois même pas du tout. M. de Sauvages assure que la muscardine n'a pris domicile chez nous que du moment où l'on a voulu élever les vers de dix onces de graine dans les mêmes locaux où l'on n'élevait d'abord que ceux de cinq. Je le comprends; ces pauvres animaux furent plus entassés et moins bien nourris : La cupidité a engendré la muscardine. Pour en prévenir l'existence et lui résister lorsqu'elle existe, les vers ont besoin d'une alimentation convenable et toujours suffisante.

1° Convenable. Trop forte, trop nourrie,

trop mûre, la feuille ne convient pas aux jeunes vers. Flétrie, foulée sur leur couche, salie par leurs excrémens, elle ne leur convient à aucun âge, parce qu'elle a perdu une bonne partie de son principe aqueux, si nécessaire à la fluidité de leurs humeurs, incessamment attaquée par l'effet de leur transpiration. Que ces humeurs soient épaissies, et leurs organes mal lubrifiés ne rempliront qu'imparfaitement leurs fonctions naturelles : de là affaiblissement, et, par suite, muscardine.

2° TOUJOURS SUFFISANTE. Il ne suffit pas de servir aux vers un aliment convenable, il faut encore qu'il soit suffisant. Leur transpiration étant incessante, ils dépérissent s'ils ne réparent incessamment les pertes qu'elle leur fait éprouver. Or, QUATRE ou CINQ repas ne peuvent pas plus leur suffire au premier âge que TROIS au dernier. Et cependant que d'éducateurs ne dépassent jamais ces nombres. La muscardine exerce dans leurs ateliers les plus cruels ravages, je n'en suis pas surpris. Mais, dira-t-on, nos repas sont copieux, nous leur donnons en *trois fois* plus que vous ne le faites en *six*. C'est possible ; peut-être même davantage ; et cependant vos vers sont beaucoup moins nourris : une partie de ce que vous leur servez est perdue ou du moins sensiblement altérée. Poussés par la faim, vos vers se décident à manger les restes de leurs énormes repas; mais pensez-vous que cette nourriture flétrie n'ait rien perdu de sa valeur? qu'elle leur soit agréable, qu'elle leur profite autant que si elle était fraîche? Si vous le croyez, vous êtes dans l'erreur. Non, en général l'alimentation n'est pas convenablement suffisante. J'ai montré les funestes conséquences de ce régime débilitant : il peut engendrer toute sorte de maladie, et notamment la muscardine. *(Voyez* mon *Guide : Repas des vers depuis la coque à la bruyère; qualités de la feuille, etc.)*

Et l'insuffisance de l'alimentation sera d'autant plus grande que la température sera plus élevée et l'atmosphère moins humide. Inutile de dire que dans ce cas la transpiration du ver est plus abondante, et que, si ses déperditions ne sont pas aussitôt réparées, et elles ne peuvent l'être que par la feuille, ses liquides s'évaporent, ses humeurs s'épaississent, il dépérit.

Dans les momens de grande chaleur, de forte sécheresse, quand malgré vos précautions les thermomètres et les hygromèmetres dépassent les degrés fixés par mon *Guide*, multipliez les repas de vos vers; qu'ils aient toujours de la

2

feuille fraîche, arrosez les murs, les pavés de vos magnaneries; la feuille elle-même.

Ne craignez rien de cette dernière prescription, l'effet en sera salutaire (1).

(C). Une température trop élevée jointe a un air trop sec. Cette circonstance est l'une des plus favorables au développement de la muscardine. Déjà nous avons dit pourquoi. L'excès de transpiration, qui en est la conséquence, doit nécessairement affaiblir le ver. Or, ce n'est que par l'intégrité de ses forces qu'il peut résister au développement du fatal *botrytis*. Méfiez-vous donc d'un air trop desséchant : non-seulement il attaquerait vos vers par leur transpiration, mais encore par leur respiration. Je n'ai pas besoin de dire que, pour tout animal, une respiration libre, aisée, ni trop lente, ni trop active, est une condition comme une conséquence de parfaite santé. Cette fonction, dont l'objet est de mettre l'air en contact

(1) Je ne citerai pas tous les grands éducateurs qui conseillent, en pareil cas, l'usage de la feuille mouillée; la nomenclature en serait trop longue. Je me borne à MM. l'abbé de Sauvages, le chevalier Bonafous, le baron d'Arbalestrier, le comte de Retz, Dupré de Loire, Detroyat, Mouly, Guilhaumin, Peris, Robinet. Ce dernier, l'un de nos plus judicieux, de nos plus savans expérimentateurs, en prescrit l'emploi constant comme remède prophilactique contre la muscardine.

avec le fluide nourricier (le sang, etc.), et qui, chez les insectes, s'opère au moyen de trachées (petits vaisseaux dont les stigmates dans nos vers sont l'orifice extérieur), ne peut s'opérer d'une manière libre et régulière, qu'autant que ses organes sont maintenus dans leur état normal. Ainsi, tout ce qui les affecte la gêne; s'ils perdent de leur force musculaire, elle est contrariée; si le liquide lubrifiant, indispensable à leur jeu d'inspiration et d'expiration, n'est pas toujours suffisant pour en prévenir la dessication, elle est anéantie, et l'asphyxie est la conséquence immédiate de cet anéantissement. Voilà l'explication des désastres instantanés qui, trop souvent, succèdent aux plus belles apparences; voilà la cause des morts flats ou tripés blancs. Et le chemin de l'asphyxie mène droit à la muscardine. Prévenez-la donc, par une alimentation suffisante de vos vers; combattez avec énergie tout ce qui pourrait surexciter leur transpiration ou contrarier leur respiration : l'une et l'autre sont d'autant plus actives que la température est plus élevée. N'oubliez pas que, si sous l'influence d'un air desséchant, de nombreux repas et avec la feuille mouillée aux heures où la chaleur a atteint son maximum de force, ne leur fournissent le moyen de réparer les pertes que leur fait éprouver la double action d'une transpiration excessive et d'une haletante respiration, vous vous exposez à les voir périr *morts flats* ou *muscardins* (1).

Personne n'ignore qu'un vent sec ne soit le plus actif *dessicateur* de boue ; mais ce que tout le monde ne sait pas, c'est que le ver à soie, comme tous les animaux à sang froid, n'offre guère plus de résistance à sa dessication qu'un corps inorganique. Quels dommages ne doivent donc pas leur causer les courans d'air sec, pour peu que leur action soit prolongée !..... Par là s'explique très-rationnellement la présence de muscardins sur une seule table, près d'une porte, d'une fenêtre ; les ravages de la muscardine dans les ateliers où règnent presque toujours de ces courans plus ou moins actifs : les galetas, les greniers, etc. (*Voyez* Nysten). Ceci n'attaque nullement une sage ventilation ; elle est indispensable, ne la négligez point ; seulement tenez-vous en garde contre les courans d'air trop violens, trop permanens.

Une trop grande sécheresse dans l'atmosphère

(1) Les Chinois, qui ne s'entendent pas mal en sériciculture, donnent chaque jour plusieurs repas de feuille mouillée, depuis dix heures du matin jusqu'à deux heures du soir, aussi ne sont-ils presque jamais atteints de muscardine.

produit sur le ver un affaiblissement qui s'augmente d'une manière d'autant plus rapide que l'action dont il résulte n'est point interrompue : et c'est facile à concevoir, plus il est affaibli moins il peut parer à ses déperditions. Cet affaiblissement progressif porte la perturbation dans tout son organisme, ses humeurs diminuent, s'épaississent, l'acidité s'y manifeste, et à sa suite la muscardine. D'où vient que les éducations tardives sont plus exposées à ce cruel fleau? De ce que toutes les circonstances qui en favorisent l'apparition se trouvent réunies : chaleur excessive, feuille plus dure et moins juteuse; par conséquent, transpiration poussée outre mesure et aliment peu propre à en prévenir les funestes effets. De là l'opinion d'une foule d'auteurs, extrêmement recommandables, qui considèrent la muscardine comme intimément liée aux phénomènes de la sécheresse.

L'abbé de Sauvages dit que chauffer l'air refroidi et ne lui laisser aucune issue quand il a été chauffé, *c'est inventer la muscardine*. L'air froid devient desséchant à mesure qu'il s'échauffe. Chauffez-le, il le faut; mais en le chauffant, donnez-lui l'humidité nécessaire : que votre hygromètre en signale au moins de 75 à 80 degrés.

Pomier assure que la chaleur concentrée brûle les vers et *les rend muscardins*. Qu'à 25 degrés Réaumur leur respiration est interrompue, et que leurs anneaux se durcissent par le dessèchement. Oui, quand l'alimentation n'est pas suffisante et convenable; quand l'hygromètre n'accuse que 40 ou 45 degrés.

Dubet conseille, contre la muscardine les aspersions d'eau fraîche sur les vers, et des bains, dans le même liquide, prolongés jusqu'à trois minutes. Sauvages propose les mêmes remèdes. N'est-ce pas reconnaître que la sécheresse est la cause du mal, ou du moins qu'elle le favorise?

Aimar pense que les vers éclos dans un appartement exposé aux reverbérations solaires et trop longtemps fermé, y contractent la muscardine. Qu'est-ce à dire, sinon qu'une forte chaleur, dépourvue de l'humidité nécessaire est la cause déterminante de cette cruelle maladie?

Nysten nous apprend que les expositions du sud et de l'ouest sont les plus exposées à ce terrible fléau; qu'il sévit plus souvent et plus cruellement dans les contrées arides et sablonneuses que dans les lieux fertiles et habituellement arrosés; qu'il se déclare plus particulièrement dans les temps de chaleur accablante connue sous le nom de *touffe*. Dans ces circonstances l'air est très-desséchant.

RAYNAUD affirme que le principe de la muscardine tient à une certaine qualité de l'air à la fois sec et chaud ; il prescrit, dans ce cas, des repas fréquens avec la feuille la plus fraîche. Pourquoi, si ce n'est pour fournir aux vers le moyen de réparer, par une bonne et suffisante nourriture, la perte que leur fait éprouver leur transpiration et leur respiration ?

PITARO a écrit que la muscardine se déclare lorsque la putréfaction des litières est augmentée par une chaleur brûlante, qui ne peut que sécher par la transpiration les liquides des vers, les épaissir, les coaguler ; que la respiration gênée, la transpiration augmentée sont les causes de cette maladie. Il recommande d'humecter les entrailles de l'insecte dès qu'on découvre qu'il en est menacé ; aussitôt que l'hygromètre indique l'extrême sécheresse.

BASSI a été conduit à sa belle découverte par la dessication du ver. Il en exposa plusieurs, chacun à part dans un cornet de papier, et à différentes hauteurs dans un tuyau de cheminée, les plus près du foyer furent les premiers atteints de muscardine.

Dans une lettre à M. le marquis de Cordoue,

ce docteur dit que c'est surtout un air très-chaud et bien sec qui contribue au développement du terrible fléau. L'humidité, y dit-il encore, est une circonstance défavorable pour le cryptogame muscardinique ; comme Pitaro, son confrère et son compatriote, il a observé que, dans une contrée arrosable, on n'y connaissait pas la muscardine, bien que les vers y fussent assez mal soignés, tandis qu'elle sévissait avec fureur dans un pays montagneux, où l'air moins humide donnait une extrême vigueur à la contagion malgré les soins prodigués aux chenilles.

« Si le pays, ajoute-t-il, est aride, la saison trop chaude, la feuille trop sèche ou trop mûre, toutes circonstances favorables à développer et propager le germe contagieux, on doit souvent répandre de l'eau sur le pavé, spécialement pendant les heures les plus chaudes de la journée. »

M. le Baron d'Arbalestrier, dont les succès constans attestent une parfaite connaissance de l'art séricicole, est parvenu à arrêter les progrès de la muscardine en donnant chaque jour à ses vers un repas de feuille mouillée, trempée dans des baquets d'eau fraîche.

M. Robinet, cet excellent éducateur, dont les savantes expériences ont déjà répandu tant de lumière sur les principes de la sériciculture, considère la chaleur dépourvue d'humidité, comme l'une des circonstances les plus favorables à l'invasion de la muscardine ; et, comme je l'ai déjà dit, il propose, pour la combattre, l'usage non interrompu de la feuille mouillée. Toutefois, pour éviter un abîme, gardons-nous de tomber dans un autre. Si l'atmosphère de nos magnaneries ne doit pas être trop sèche, il ne faut pas non plus qu'elle soit trop humide. Dans ce cas, la transpiration des vers est inévitablement gênée, contrariée, supprimée, ou, du moins, trop diminuée, et, pour eux, la suppression de cette fonction dépuratrice équivaut à celle de la secrétion urinaire chez d'autres animaux. Et qui ne sait les ravages qu'une telle suppression apporte dans toute leur économie!... Les conséquences en sont désastreuses. Vous devez donc éviter avec un égal soin et l'extrême sécheresse et l'extrême humidité. L'une vous conduirait à la muscardine, l'autre à la grasserie. Pour éviter l'une et l'autre, que votre hygromètre soit, autant que possible, maintenu entre 80 et 90 degrés.

(D) Une atmosphère impure est une cause d'affaiblissement pour le ver, par conséquent une circonstance favorable au développement de la muscardine (*Voyez* mon Guide, *Assainissement de l'air*). Si l'air avait perdu son oxigène, s'il était usé, s'il avait déjà servi à la respiration, vos vers périraient asphyxiés; s'il était vicié par le mélange d'un gaz délétère, ils périraient empoisonnés. Il est rarement assez impur pour occasionner de semblables désastres ; mais que de mal ne peut-il pas produire, alors même qu'il n'est pas capable de causer celui-là !.... Le ver qui ne respire pas à l'aise perd insensiblement son appétit, ses forces diminuent ; et comment réparera-t-il ses déperditions ? Impossible : il s'affaiblit toujours davantage, et finit par devenir la proie de la terrible muscardine ou de toute autre maladie.

(E) Un local relativement peu spacieux ne peut qu'ajouter un nouveau degré de force à la plupart des causes déterminantes de la muscardine que nous venons d'énumérer. En effet, lorsque la magnanerie est trop petite pour les vers qu'on a à y loger, on les y entasse; et des vers trop épais ont rarement une alimentation suffisante ; ils ne sauraient transpirer à l'aise ni respirer librement. L'atmosphère dans laquelle ils vivent est d'autant plutôt viciée que leur logement est plus petit, et celui-ci d'autant plus difficile à assainir, qu'étant trop plein, l'air ne peut y circuler que difficilement. Entasser vos vers, c'est appeler sur eux le fléau de la muscardine : la cupidité l'engendre et l'avarice la propage. Pour avoir beaucoup de cocons, il ne suffit pas d'avoir beaucoup de graine, même de bonne graine, il faut beaucoup de feuille pour nourrir suffisamment les vers qu'elle produit ; beaucoup de monde pour les soigner convenablement, beaucoup d'espace pour les loger à l'aise. Eh ! que d'éducateurs s'affranchissent plus ou moins de ces trois dernières conditions !... Ne l'oubliez pas, elles sont indispensables ; nul ne les viole impunément.

REMÈDES CURATIFS CONTRE LA MUSCARDINE.

Je l'ai dit, il n'existe encore aucun remède constamment efficace contre la muscardine. Nous n'avons guère, pour la combattre, que des préservatifs. Toutefois, je ne doute pas qu'à son début elle ne puisse être guérie par les mêmes moyens qui doivent la prévenir. Nous l'avons vu, le germe muscardinique ne se développe que dans un ver déjà affaibli. Or, si, par l'emploi d'un régime exigé par sa nature, ce ver reprend toute la vigueur qu'un régime opposé lui avait fait perdre, son énergie vitale pourra le débarrasser des petits *tallus* (racines) *du botrytis*, qui commençaient à se développer dans ses liquides.

Leur substance sera, sinon digérée, du moins évacuée par ses pores ; il y aura résorption, comme on dit en médecine.

Il est donc certain que tout ce qui contribue à accroître la force du ver récemment envahi par la muscardine ; tout ce qui augmente sa vitalité ; tout ce qui tend à équilibrer son organisme, à rétablir le libre exercice de ses fonctions naturelles peut être considéré comme remède de cette cruelle maladie (1).

Ainsi : 1° une alimentation convenable, suf-

(1) Pourquoi dira-t-on, sans doute, si la muscardine peut-être spontanée, si son apparition est due à la faiblesse des vers; pourquoi n'attaque-t-elle pas tous les vers faibles ? pourquoi ne se substitue-t-elle pas à toutes les maladies? Or, il est de fait qu'on voit périr des chambrées entières de porcs, de passis, de tripés, etc. Probablement parce qu'il a manqué quelque condition essentielle au développement du germe muscardinique; l'acidité par exemple. Je voudrais faire une réponse plus positive, sans réplique; je ne le puis point; nous ignorerons toujours bien des choses; mais ce qu'il nous importe de savoir n'est point pourquoi la muscardine n'est pas plus commune; mais comment on peut s'en garantir; or, j'en donne les moyens, reste à les appliquer.

fisante, proportionnée à la température (*Voyez* plus haut);

2° L'eau administrée extérieurement sous forme d'arrosage ou de bains, et intérieurement par la feuille tendre, fraîche (1) ou mouillée. (*Voyez* plus haut.)

3° Le refroidissement de l'atelier. Il a pour effet d'arrêter, chez les vers, l'excès de transpiration en rendant l'humidité de l'air plus sensible par la concentration de la vapeur.

4° La chaux. Les vers qu'on en saupoudre (au moyen d'un tamis) un moment avant leur repas, en sont fortement stimulés; leur action vitale acquiert une nouvelle énergie. Ce remède, dont l'efficacité n'est pourtant pas incontestable,

(1) La feuille en se fanant, perd en trois heures à une température de 20 degrés, de 21 à 45 pour cent de sa matière aqueuse. Cette perte si différente selon sa nature, varie également selon sa maturité. La proportion est bien plus considérable dans l'extrémité supérieure des rameaux qu'elle ne l'est dans les feuilles inférieures; mais elle est toujours fort grande. Donnez-leur de la feuille fraîche. Il y a environ douze ans, une pauvre veuve m'apporta ses vers qu'elle disait mauvais, et qui, d'après elle, n'étaient bons qu'à jeter à l'eau; en effet, ils étaient effilés et d'une rousseur effrayante. Je lui promis de les guérir, et je lui tins parole : ce fut en les nourrissant pendant huit ou dix jours avec l'extrémité des pousses les plus tendres. Et certains éducateurs se donnent beaucoup de peine et s'imposent des frais pour en garantir leurs vers. Funeste erreur!

a souvent arrêté les ravages de cette terrible maladie. En contractant la peau de l'insecte, la chaux s'oppose à une trop forte transpiration et à l'absorption du germe muscardinique. Répandue sur la litière, elle en fait dégager de l'ammoniaque, et ce gaz, en s'introduisant dans les trachées du ver, les excite et peut y ramener le liquide lubrifiant nécessaire à leur jeu; sa respiration devient plus régulière, et le cryptogame, s'il n'en a pas envahi les organes essentiels, peut être arrêté dans sa marche funeste, dissous, expulsé. Enfin, par son action corrosive, la chaux peut détruire les sporules (les graines) du fatal champignon.

DÉSINFECTANS OU PRÉSERVATIFS CONTRE LA CONTAGION DE LA MUSCARDINE.

Je crois la muscardine contagieuse, mais je crois aussi, et fort heureusement ma croyance repose sur des faits incontestables, que cette contagion n'est pas élevée au point où l'ont portée certains auteurs. Je crois qu'elle est impuissante contre des vers en état de parfaite santé. Que de cas attribués à sa contagion ne sont dus qu'à sa spontanéité!.... à la manière dont on avait traité ses victimes. Mais il suffit qu'elle puisse être contagieuse pour que nous devions chercher tous les moyens de nous soustraire à cette fatale qualité.

Eh ! bien, pour détruire les germes qui pourraient vous devenir funestes, employez : 1° Le procédé Bérard. Lavez votre graine, les divers ustensiles de vos ateliers, les murs, les pavés, les plafonds, tout ce qui a pu être contaminé et que vous voulez faire servir encore, avec une eau dans laquelle vous aurez fait dissoudre cinq grammes de sulfate de cuivre (vitriol bleu) par litre. Et, comme un grand nombre de germes pourraient échapper à ce lavage (excepté dans la graine où tous doivent périr), ajoutez-y pour plus de sûreté ;

2° Les fumigations sulfureuses. Si l'appartement est bien fermé et la vapeur suffisante, assez forte, c'est, sans nul doute, le meilleur *désinfectant ;* il atteint tous les sporules dont il s'agit de détruire la faculté végétative, quelque part qu'ils se trouvent.

Vers le 15 mars, établissez votre magnanerie comme elle doit l'être pour recevoir vos vers; placez y deux, trois, quatre, cinq, six réchauds

(selon qu'elle est petite ou grande) garnis; et, après en avoir fermé le plus exactement possible toutes les issues par lesquelles la vapeur pourrait s'échapper, allumez vos réchauds par le bas et mettez sur chacun d'eux environ demi-livre de fleur de soufre; fermez bien la porte de votre appartement et n'y rentrez que cinq à six jours après cette opération, que vous ferez bien d'exécuter immédiatement après chaque éducation et de répéter en mars avant l'ouverture de la campagne.

3° Pour surcroît de garantie passez un lait de chaux sur vos murs, vos plafonds, vos pavés, et même vos montans. Par ce moyen vous fixerez les germes que les deux autres n'auraient pu détruire. Voilà les meilleurs désinfectans connus jusqu'à ce jour ; usez-en avec soin, et quelque infectées que soient vos magnaneries vous n'aurez besoin de les laisser chômer.

RÉSUMÉ ET CONCLUSION.

De tout ce que nous venons de dire, de tous nos emprunts faits à divers auteurs, il résulte :

1° Que la muscardine est le produit d'un cryptogame appelé *botrytis bassiana ;*

2° Qu'elle est contagieuse, mais que sa contagion est impuissante contre des vers en état de parfaite santé;

3° Que dans certaines circonstances elle peut se manifester spontanément, même sous forme épidémique, c'est-à-dire sévir d'une manière générale;

4° Que de sa contagion nous devons conclure qu'elle peut être endémique; c'est-à-dire frapper annuellement les mêmes lieux où elle a exercé ses ravages;

5° Que pour comprendre son apparition spontanée, il faut admettre, dans le ver, la préexistence du germe;

6° Que ce qui en détermine surtout le développement, c'est la réunion des circonstances suivantes : 1° un air trop chaud, trop sec, trop agité ou impur ; 2° trop peu de nourriture, soit par un trop long intervalle entre les repas, soit par la mauvaise qualité de la feuille ;

7° Que ce qui peut prévenir l'invasion de ce terrible fléau, c'est l'application de procédés rationnels à l'éducation de nos vers. (*Voir* plus haut, et surtout la conduite générale dans le *Guide*);

8° Que les vers doivent être tenus au large : 39 mètres carrés sont nécessaires au produit d'une once de graine obtenue d'après ma *Méthode;*

9° Que l'air de l'atelier doit toujours être pur, et pour cela souvent renouvelé;

10° Que l'hygromètre ne doit jamais y indiquer moins de 80 degrés;

11° Que, malgré l'humidité de l'air, il faut, à tout prix, prévenir celle de la couche, attendu qu'il s'en dégagerait des miasmes délétères;

12° Que, par conséquent, l'usage de la feuille mouillée impose l'obligation de déliter au moins tous les deux jours (1).

(1) Il me semble entendre la plupart de nos éducateurs taxer ce conseil de ridicule, peut-être même de ruineux. Il n'est ni l'un ni l'autre. La sagesse et l'utilité en sont les caractères; un bon produit, la conséquence de son application. L'humidité de l'air favorise la réussite de vos chambrées, celle de la couche ne pourrait que la compromettre (distinguez bien), et la couche est d'autant plus humide que l'atmosphère est moins sèche. Déliter, je ne l'ignore pas, est un travail long et pénible : le filet en abrège la durée et en diminue le désagrément. Employez-le autant que possible. Mais supposons que le délitage vous nécessite,

13° Que les remèdes curatifs contre la muscardine ne peuvent opérer qu'à son début;

14° Que ces remèdes sont, outre le grand préservatif, une éducation rationnelle : 1° l'eau; 2° le rafraîchissement de l'atelier; 3° la chaux en poudre;

15° Enfin, que pour prévenir la contagion, d'année en année, pour désinfecter les magnaneries, il faut employer les lotions avec le sulfate de cuivre, les fumigations sulfureuses et le blanchissement au lait de chaux.

pour une éducation de vingt onces, l'emploi de deux personnes, depuis le commencement du quatrième âge jusqu'à la fin du cinquième. Quinze jours, trente journées; dépense 60 fr. : deux femmes suffisent au surcroît de travail qu'impose mon précepte. C'est une dépense, sans doute, mais une dépense nécessaire; une dépense dont l'économie pourrait être ruineuse. N'oubliez pas qu'elle peut sauver votre chambrée, qu'elle peut vous la sauver annuellement; mais, quand sur cinq années elle ne vous la sauverait qu'une; quand, par des circonstances dont vous ne sauriez prévoir le concours, elle ne vous serait que partiellement utile les quatre autres, ne serait-elle pas encore une dépense nécessaire? une véritable, une grande économie?... Le plus simple calcul suffit pour l'établir. Il n'y a pas d'années où ces 60 f. ne vous valussent 60, 100, 200 f. par l'augmentation du produit. Et si, comme tout porte à le croire, ils vous en valent 2,000, 2,500, 3,000 une année sur cinq, ne devez-vous pas vous l'imposer? Vous avez réussi en n'opérant que de rares délitages; mais, répondez sincèrement, avez-vous toujours été satisfaits de vos réussites? n'auraient-elles pas pu être meilleures? n'avez-vous jamais éprouvé de mécomptes? Mon conseil tend à les prévenir. Qui veut la fin doit vouloir les moyens.

Contre un ennemi si terrible ce n'est pas trop qu'un pareil arsenal; employez tour à tour chacune de ces armes; surtout fermez-lui votre camp : mieux vaut prévenir le mal qu'avoir à le guérir, même alors qu'on en a le remède; et, contre la muscardine, il n'en est pas dont l'efficacité ne soit très-contestable. Gardez-vous donc de négliger le mode d'éducation rationnelle indiqué dans le *Guide*. Lui seul peut vous préserver de cette cruelle maladie, et non-seulement de celle-là, mais de toute autre. Et vous savez bien que la muscardine n'est pas la seule qui puisse vous atteindre, vous frapper, vous ravager. C'est la plus redoutable, sans doute, mais non l'unique à redouter. Qu'importe, après tout, que votre chambrée périsse de morts-flats, de gras, de passis ou de muscardins? La banqueroute n'est-elle pas la même? Ce qui importe, c'est qu'elle ne périsse pas. Eh! bien, laissez-vous guider par mon *Guide*, et vous la verrez prospérer; il conduira, j'en ai la conviction, à une parfaite réussite, vous surtout qui opérerez sur de la graine obtenue d'après ma *Méthode*. — Oui, j'en suis bien convaincu, et vous ne tarderez pas à l'être, ma *Méthode* et mon *Guide* augmenteront de plus d'un quart votre récolte sérigène.

FIN.

BIBLIOTHEQUE NATIONALE DE FRANCE
3 7531 04114210 1

www.ingramcontent.com/pod-product-compliance
Ingram Content Group UK Ltd.
Pitfield, Milton Keynes, MK11 3LW, UK
UKHW020219200726
13856UKWH00004B/1493